André Kussmaul

Trickfilm
Dreh deinen Film

Ravensburger Buchverlag

Von Anfang an

„Denkt immer daran: Mit einer Maus fing alles an!“ Auf einer Bahnfahrt hatte Walt Disney, der damals noch ein unbekannter Zeichner war, die Idee zu seiner wohl berühmtesten Figur, der Mickey Mouse.

Ein langer Weg
Am Anfang eines erfolgreichen Trickfilms braucht es immer eine Idee. Anders als im realen Spielfilm entsteht hier auf einem leeren Blatt Papier eine Form, anfangs noch nicht genau erkennbar, dann Rundungen, bis sie Gestalt annimmt und ein Gesicht mit unverwechselbaren Eigenschaften erhält. Was am Ende herauskommt – Maus, Monster oder Prinzessin –, ist ganz deiner Fantasie überlassen. Und das macht die Welt des Trickfilms aus. Natürlich ist es ein langer Weg von einer ersten Figur bis zu einem ganzen Trickfilm. Die Filme, die du aus dem Kino oder aus dem Fernsehen kennst, entstehen in großen Teams in einem Trickfilmstudio mit vielen technischen Hilfsmitteln. Manchmal dauert das mehrere Jahre.

Du willst deinen eigenen Trickfilm drehen? Auf den folgenden Seiten erklären wir dir Schritt für Schritt, wie du dabei vorgehen musst.

Dein erster eigener Trickfilm
Die ersten Trickfilme wurden vor hundert Jahren noch schwarz-weiß von Hand gezeichnet (A) und hatten keinen Ton. Heute arbeiten die Filmemacher mit moderner Technik und natürlich am Computer (B). Aber auch ohne teure Ausrüstung kannst du Figuren zum Leben erwecken und das ist gar nicht so schwierig, wie du vielleicht denkst.

Auch wenn du nicht gleich einen ganz großen Film verwirklichen kannst, erfährst du in diesem Buch, wie man selbst einen Trickfilm dreht. Und denk dabei immer daran, was Walt Disney einst sagte: „Mit einer Maus fing alles an!“

SUPER HELDEN WISSEN

Hättest du's gewusst? Hier erfährst du lustige und interessante Dinge aus der großen Welt des Trickfilms.

Die Handlung

In Filmen werden Geschichten erzählt. Bevor die Bilder laufen lernen, braucht es natürlich eine solche Geschichte. Sie muss nicht lang sein, aber spannend und abwechslungsreich, um die Zuschauer in ihren Bann zu ziehen.

Die Geschichte

Schon die ersten Menschen erzählten sich am Lagerfeuer Geschichten. Den Geschichtenerzähler bei Filmen nennt man Autor. Er hat eine Idee und entwickelt daraus eine Geschichte. Vielleicht hast du bereits eine Geschichte im Kopf, die du immer schon erzählen wolltest? Manchmal entsteht eine Geschichte aus einer kleinen, witzigen Alltagsbegebenheit, wie z. B. einem Hut, der vom Kopf eines Mannes durch die ganze Stadt geweht wird. Ein anderes Mal ist der Anstoß für deine Geschichte möglicherweise eine Figur, z. B. ein Faultier im Zoo, das – statt wie seine Freunde den ganzen Tag zu schlafen – plötzlich die wildesten Tänze vollführt. Dem einen fällt die zündende Idee beim Duschen ein, dem anderen im Bus, im Auto oder beim Beobachten von Menschen oder

Sei Autor und entwickle, vielleicht sogar zusammen mit deinen Freunden, die Idee für eine Geschichte. Beschreibe sie in zwei, drei Sätzen.

Tieren. Für den Trickfilm eignen sich am besten Geschichten, die man über viele witzige Szenen und Bilder erzählen kann. Du kannst deine Figuren im Trickfilm besonders gut mit übertriebenen Verhaltensweisen oder einem lustigen Aussehen ausstatten.

* Die wichtigsten Begriffe des Buches werden im Wörterverzeichnis auf Seite 46 erklärt.

Kreativteams

In Amerika arbeiten Kreative meist in Teams. Die Zeichner, der **Regisseur*** und die Autoren überlegen gemeinsam und kommen so auf gute Ideen und witzige Szenen. Wenn du eine ungefähre Vorstellung davon hast, um was es in deinem Film gehen soll, und weiter darüber nachdenkst, entsteht wie bei einem Puzzle aus einzelnen Teilen irgendwann ein Ganzes – die Idee für deinen Film.

Anfang, Mitte, Ende

Eine spannende Handlung braucht Anfang, Mitte und Ende. Und zwar in dieser Reihenfolge. Wenn du bereits am Anfang wüsstest, wie die Geschichte ausgeht, wäre das ganz schön langweilig.

Der Aufbau

Eine Geschichte kann grob in drei Teile eingeteilt werden, egal ob sie kurz oder lang ist: Anfang – Mitte – Ende.
Alle längeren Filme, wie Kinofilme oder TV-Serien, weisen diese sogenannte Drei-Akte-Struktur auf mit einer Haupthandlung und einer oder mehreren Nebenhandlungen.
Bei kürzeren Cartoons fehlt die klare Drei-Akt-Struktur oft. Hier ist weniger Zeit für eine vielschichtige Handlung und Entwicklung der Charaktere. Die Handlung ist einfacher und entwickelt sich aus einer witzigen Situation, wie z. B. in kurzen Donald-Duck-Cartoons.
Die Haupthandlung kann beispielsweise darin bestehen, dass der Superheld die Welt vor der Zerstörung durch den fiesen Bösewicht rettet. Eine Nebenhandlung wäre etwa, wenn sich der Superheld währenddessen verliebt oder seinen lang verschollenen Vater wiederfindet.

Schau dir deinen Lieblingstrickfilm an und achte auf den Aufbau. Erkennst du die Drei-Akte-Struktur? Dann überleg dir für deinen Film eine Struktur. Was willst du am Anfang erzählen? Wie führst du die Figuren ein? Worin besteht der Konflikt? Welche Hindernisse muss deine Figur überwinden? Und wie soll die Geschichte enden?

So läuft eine Geschichte rund: die Drei-Akte-Struktur

Anfang (Exposition)
Wie geht's los? Am Anfang wird die Hauptfigur eingeführt. Wer ist sie und was hat sie für eine Absicht? In welcher Situation befindet sie sich? Tauchen hier vielleicht schon weitere Nebenfiguren auf? Wer sind diese, z. B. ein Freund oder ein Mitglied der Familie? Und was macht der Bösewicht?

Mitte (Konflikt)
Hier knallt's! In der Mitte des Films entsteht meistens ein großer Konflikt zwischen der Hauptfigur und einer der anderen Figuren oder ein Hindernis, das deine Hauptfigur überwinden muss. Oft bereitet ein Bösewicht der Hauptfigur größte Schwierigkeiten.

Ende (Auflösung)
Ende gut, alles gut? Endest du mit einem Happy End, einem offenen Ende oder gar mit einer ganz unerwarteten Wendung? Um deine Zuschauer noch einmal richtig im Sessel zu fesseln, sollten sich die Ereignisse hier nochmals zuspitzen, bis ganz am Schluss mit einem großen Paukenschlag (dem sogenannten **Showdown**) alles zu Ende geht.

Geschmäcker sind verschieden

Stehst du auf Superhelden oder lachst du gerne über tollpatschige Helden in lustigen Situationen? Die meisten Kinogänger oder Fernsehzuschauer haben gewisse Vorlieben, was sie gern sehen.

Was soll es werden?
Im Film gibt es verschiedene Genres, auch Filmgattungen genannt. Dazu gehören u. a. Action, Science-Fiction, Fantasy, Komödien, Horror. Manche Filme enthalten Elemente aus mehreren Genres.

Fantasy
Es spielen mit: Orks, Zwerge, Krieger und Hexen. Hier werden Zauberstäbe geschwungen und es tollen eine Menge Fantasiewesen herum, die gegen feuerspeiende Drachen, böse Zauberer und andere Monster kämpfen.

Bei der Wahl des Genres sind deiner Fantasie keine Grenzen gesetzt. Bedenke aber, dass du mit einem Film immer eine gewisse Zielgruppe ansprechen willst. Denk darüber nach, wer deine Filme mögen soll. Entscheide dich am Ende für das Genre, das dir am meisten Spaß macht, wofür dein Herz brennt. Denn dann bist du bei dem, was du machst, auch immer am besten.

Science-Fiction

Willkommen in der Zukunft! Fliegende Raumschiffe, technische Geräte und Galaxien, die noch nie ein Mensch gesehen hat. Diese Filme zeigen die Welt der Zukunft. Sie spielen meist im All oder handeln von grässlichen Außerirdischen und Robotern, die die Erde angreifen.

Horror

Ahhhhhh! In Horrorfilmen wird viel geschrien, denn überall lauern böse Geister, Monster, Vampire und andere Wesen aus der Schattenwelt. Bei einem Horrorfilm ist es oft dunkel und es wird mit unheimlichen Geräuschen, Tönen und Nahaufnahmen gearbeitet, um das Grauen zu steigern.

Action

Kawumm!! Hier fliegen Autos oder Superhelden durch die Luft, es explodieren Brücken und ganze Hochhäuser. Actiongeschichten legen meist ein irrwitziges Tempo vor. Der Held muss übermächtige Aufgaben lösen, um die Katastrophe zu verhindern und die Welt zu retten.

Komödie

Hahaha! In Komödien wird viel gelacht. Je abgedrehter die Geschichte ist, umso besser. Die Handlung ist witzig. Trickfiguren in Komödien sehen oft besonders schräg aus oder haben übertriebene Charaktermerkmale. Alles ist erlaubt, Hauptsache es ist lustig!

Charaktere schaffen

Filme werden erst lebendig, wenn sie Figuren haben, mit denen wir lachen, weinen und mitfiebern können. In guten Filmen erkennen wir Eigenschaften der Figuren bei Menschen aus dem richtigen Leben wieder.

Die Hauptfigur und Nebenfiguren
Jede Geschichte hat einen Hauptdarsteller. Das kann ein Mensch, ein Tier oder ein Superheld sein. Figuren im Trickfilm sind sehr oft übertrieben dargestellt und verfügen über außergewöhnliche Merkmale und Talente. Man nennt den Hauptdarsteller auch Protagonist. Er ist die treibende Kraft in der Geschichte. Meistens wird die Handlung aus seiner Perspektive erzählt. Seine Handlungen und Entscheidungen bestimmen den Verlauf der Geschichte.

Bisher hast du schon wichtige Punkte für deinen Film entwickelt: die Idee, die Handlung und das Genre. Jetzt füllst du die Handlung mit spannenden Charakteren. Erstelle Profile (oder Steckbriefe) deiner Figuren. Wie alt sind sie? Wie sehen sie aus? Mann, Frau, Wesen? Wo leben sie? Benenne die wichtigsten Eigenschaften: Was mögen sie, was mögen sie nicht? Je besser du deine Figuren kennst, umso lebendiger werden sie. Entwickele eine einfache Geschichte mit nicht allzu vielen Figuren.

Neben ihm kann es noch viele weitere Figuren geben. Dies sind die sogenannten Nebenfiguren. Sehr oft handelt der Protagonist in Gemeinschaft mit anderen Nebenfiguren, etwa innerhalb einer Gruppe, die in einer emotionalen Verbindung zum Protagonisten stehen (z. B. seine Freunde oder seine Familie). Wichtig bei allen Figuren ist nicht nur ihr Aussehen, sondern auch, wer sie sind, wie sie fühlen, was sie denken, was ihre Lebensgeschichte ist.

Der Gegenspieler
In (fast) jeder Geschichte gibt es auch einen Gegenspieler des Protagonisten, den sogenannten **Antagonisten**. Der Antagonist ist dazu da, dem Hauptdarsteller das Leben so schwer wie möglich zu machen. Dadurch wird die Geschichte spannend. Der Bösewicht muss dabei nicht immer auch auf den ersten Blick böse oder hässlich ausschauen. Er kann auch anfangs nett wirken und sein „wahres Gesicht" erst im Laufe der Geschichte enthüllen.

SUPER HELDEN Wissen

Warum heißt Mickey Mouses Hund eigentlich Pluto? Die Figur entstand 1930 im Jahr der Entdeckung des Planeten Pluto. Eigentlich sollte der Vierbeiner auf den Namen Rover hören.

Ohne Drehbuch kein Film

Was der Held im Film sieht, hört, schmeckt oder riecht, wird im Drehbuch festgehalten. Im Film wird alles genau so erzählt, wie es auf dem Papier steht. Das Drehbuch ist also eine genaue Anleitung für deinen Film.

Was ist ein Drehbuch?
Ein Drehbuch beschreibt – wie ein Roman – eine Geschichte von Anfang bis Ende. Allerdings erzählt es die Geschichte nicht in schönen, langen, Sätzen, sondern gibt kurz in klarer Sprache den Handlungsablauf der einzelnen Szenen wieder. Außerdem gibt es weitere wichtige Hinweise für die filmische Umsetzung. So wird genau beschrieben, welche Kameraeinstellung vorgesehen ist. Die Orte und Szenenwechsel werden festgelegt (Innen/Außen) Und natürlich stehen im Drehbuch auch die Dialoge aller Figuren. Im Drehbuch spielt sich quasi schon der ganze Film vor deinem geistigen Auge ab. Der Regisseur muss ihn dann eigentlich „nur“ noch zum Leben erwecken.
Als Faustregel gilt: Eine Drehbuchseite beschreibt etwa 1 Minute Film.

Schreibe zu deiner Geschichte das Drehbuch. Denk daran, dass dein Drehbuch nicht zu umfangreich wird, denn du wirst viele Bilder brauchen, um deine Szenen zu animieren.

AUSSEN/Berlin - Tag

TOTALE von OBEN AUF SKYLINE BERLIN. Auf der Kugel des FERNSEHTURMS am Alexanderplatz sieht man klein unseren SUPERHELDEN. Zwischen den Häusern hindurch saust ein flugzeuggroßer MARIENKÄFER auf den Fernsehturm zu. Über der Stadt kreisen HUBSCHRAUBER. Über Funk hören wir aus einem der Hubschrauber:

STIMME von POLIZIST (OFF)
An alle Einsatzkräfte! Marienkäfer einkreisen!

Die Hubschrauber nehmen Kurs auf den Marienkäfer. Dann schießen sie KLEINE RAKETEN auf den Marienkäfer ab, die aber am metallenen Panzer des schrägen Fluggeräts abprallen.

HALBNAHE: SUPERHELD

Der Umhang des Superheldenanzuges flattert heroisch im Wind. Der Superheld richtet seinen Blick in Richtung des Marienkäfers, der immer näher kommt. Dann streckt er die Arme nach vorne und stürzt in hohem Bogen in die Tiefe. Er fliegt ein gutes Stück den Fernsehturm hinab, dann macht er einen Bogen und fliegt direkt auf den Marienkäfer zu.

STIMME von POLIZIST (OFF)
Unser Superheld kommt uns zu Hilfe!
Haltet ihm den Rücken frei, Jungs!

Von den Hubschraubern werden gleichzeitig weitere Raketen abgeschossen, die den Marienkäfer für einen Moment aus dem Gleichgewicht bringen. Er kippt zur Seite. Im selben Moment feuert der Superheld grüne Feuerkugeln aus seinem Arm auf den Marienkäfer ab.

DETAILEINSTELLUNG: AUGEN OBERBÖSEWICHT. Er verzieht seine Augen zu Schlitzen.

Dann wieder HALBNAHE:

OBERBÖSEWICHT (lacht laut)
Ha, Ha, Ha, Ha

...

Wer steht wo?

Dein erster Film wird voraussichtlich nur wenige Minuten lang sein, da die Umsetzung sehr zeitintensiv ist. Deshalb ist es wichtig, dass du besonderes Augenmerk auf die Anfertigung eines Storyboards legst.

Das Storyboard
Mit einem Storyboard setzt du die Geschichte, die du im Drehbuch niedergeschrieben hast, in konkrete Bilder um. Ein Storyboard ist im Grunde ein comicähnliches, bebildertes Drehbuch, das den Ablauf des Trickfilms festlegt. Ein Storyboard zu zeichnen, ist einer der letzten Schritte, bevor du mit der Animation beginnst. Hier legst du dar, was deine Figur wann tut. Bei manchen Storyboards sind die Figuren nur grob in ihren Umrissen gezeichnet, manche Zeichner, auch Storyboard Artists genannt, gehen mehr ins Detail.

Woraus besteht das Storyboard?
Das Storyboard zeigt alle Szenen deines späteren Animationsfilmes. Es wird festgelegt, wo die Figur steht. Dort finden sich auch die sogenannten **Keyframes**, das sind die „Schlüssel-

Erstelle dein eigenes Storyboard! Am besten du machst dir eine Vorlage wie auf Seite 16–17. Diese kopierst du dann mehrfach. Arbeite mit einem Bleistift, dann kannst du ohne großen Aufwand radieren und Dinge nachbessern.

bilder". Sie geben grob den Bewegungsablauf der Figuren vor, der in der Folge später durch Zwischenbilder (sogenannte **Interframes**, Inbetweens) verfeinert wird, bis sich in der Bewegung ein flüssiges Bild ergibt. Die Keyframes für sich betrachtet sind mit Comic-Geschichten vergleichbar:
Die Bilder stehen jeweils für sich und du siehst einzelne Szenen. Erst mit den hinzukommenden Interframes ergibt sich ein flüssiger Film – wie in einem Daumenkino.

In der zweiten Spalte ist Platz für schriftliche Kommentare zum Geschehen. Hier schreibst du nähere Erklärungen des Bildinhaltes hinein oder beschreibst das Geschehen bis zur nächsten Szene.

Die dritte Spalte ist für die Beschreibung des akustischen Geschehens (Audio) reserviert. Dazu gehören die Dialoge der handelnden Figuren, Musik und Geräusche (s. Seite 42).

Titel: Superheld gegen Marienkäfer

Seite

TOTALE/SKYLINE BERLIN. Auf der Kugel des FERNSEHTURMS am Alexanderplatz sieht man klein den SUPERHELDEN. HUBSCHRAUBER kreisen umher.

SOUNDEFFEKT: Hubschrauberrattern

Zwischen den Häusern hindurch saust ein flugzeugroßer MARIENKÄFER.

STIMME von POLIZIST (OFF)
An alle Einsatzkräfte! Marienkäfer einkreisen!

Der Hubschrauber nimmt Kurs auf den Marienkäfer. Dann schießt er eine RAKETE auf den Marienkäfer ab, die aber am metallenen Panzer des schrägen Fluggeräts abprallt.

SOUNDEFFEKT: Zischende Rakete

Titel: Superheld gegen Marienkäfer

Seite

HALBNAHE: SUPERHELD

Der Umhang des Superheldenanzuges flattert heroisch im Wind. Der Superheld richtet seinen Blick in Richtung des Marienkäfers, der immer näher kommt.

Zeichne das Storyboard oben auf Grundlage des Drehbuchs von Seite 13 zu Ende.

So sieht's aus

Jetzt beginnt die eigentliche Zeichenarbeit oder das Basteln für deinen späteren Film. In diesem Schritt entwickelst du dein sogenanntes Artwork.

Planen

Egal welche Animationstechnik du dir aussuchst (s. Seite 26), überlege zunächst, wie dein Film später aussehen soll. Dabei geht es um drei große Themenbereiche: die Figuren, die Hintergründe und die **props**.

Die Figuren

Das Aussehen der Figuren erzählt schon viel über die Geschichte. Als Zuschauer kannst du leicht zuordnen, welcher Held in einen Science-Fiction-Film, in einen Action-Film oder in eine Horror-Geschichte gehört. Sicher hast du bereits genaue Vorstellungen, wie deine Figuren aussehen. Welche Haarfarbe haben sie, wie groß sind sie, welche Kleidung tragen sie?

Der Superheld hat natürlich ein Superheldenkostüm an, wenn er in Aktion tritt. Fabeltiere oder Monster haben wahrscheinlich ein Fell oder Federn oder Schuppen oder …
Denk in diesem Schritt auch an die Größenverhältnisse der Figuren. Wie sieht es aus, wenn sie aufeinandertreffen? Natürlich müssen nicht alle Figuren gleich groß sein. Wenn unser Superheld ein Monster bekämpft, kann er natürlich sehr viel kleiner sein, um die Gefahr zu verdeutlichen. Begegnen sich die Figuren aber „auf Augenhöhe", sollten sie in etwa gleich groß sein. Wichtig ist, dass der Stil der Figuren, ihr „Look", zusammenpasst, denn sie agieren alle in der gleichen Welt. Das ist ähnlich wie bei der Einrichtung einer Wohnung oder der Zusammenstellung von Kleidung: Hier überlegst du auch genau, was zusammenpasst. Natürlich ist ein Stil-Mix auch möglich, aber wenn eine Figur ein Piratenkostüm trägt, obwohl der Film in der Arktis spielt, wirkt das meist komisch.

Die Hintergründe

Auch die Hintergründe (background designs) erzählen schon viel über deine Geschichte, denn hier legst du die Welt fest, in der alles spielt. Spielt deine Geschichte draußen oder drinnen? In welchen Städten und Landschaften bewegen sich deine Figuren?

Wie ist der Ort beschaffen, vielleicht unheimlich-geheimnisvoll? Oder soll der Hintergrund einfach schwarz oder weiß sein, sodass deine Figuren sozusagen im Raum schweben? Die Wahl des Hintergrundes hängt auch von der gewählten Animationstechnik ab, dazu erfährst du mehr auf den folgenden Seiten.

Die props

Natürlich wäre es ziemlich langweilig, wenn die Figuren in Trickfilmen einfach nur vor Hintergründen laufen würden. Deshalb sind props (im Realfilm: Requisiten) ein wichtiges Hilfsmittel. Als props bezeichnet man alle Gegenstände, die die Szene ausschmücken oder mit denen die Figuren handeln. Die Szene wird erst richtig lebendig, wenn der Held in einem coolen Auto, einer klassischen Kutsche oder einem schnellen Raumgleiter sitzt. Der Held in einem Fantasy-Abenteuer benötigt einen Zauberstab, der Action-Held eine Waffe und unser Superheld natürlich seinen Superheldenumhang.
Natürlich hängen der Stil deiner Figuren, Hintergründe und Requisiten von der gewählten Animationstechnik ab. Diese lernst du im nächsten Kapitel kennen.

Überlege dir, welche Figuren, Hintergründe und props du einsetzen möchtest. Entwickele dabei spielerisch deinen ganz eigenen „look“, also einen eigenen Stil, wie deine Trickfilmwelt aussehen soll. Bei manchen von deinem Artwork wirst du mehrere Entwürfe benötigen, bis du das Design hast, das dir gefällt.

SUPER HELDEN Wissen

Normalerweise werden in einer Trickfilmproduktion, während das Storyboard fertiggestellt wird, die Schauspieler gecastet, die den Figuren ihre Stimmen verleihen sollen. Sobald das Storyboard fertiggestellt ist, werden die Dialoge aufgenommen. Dies wird noch vor Beginn der eigentlichen Animation getan, weil die späteren Zeichnungen mit den Dialogen übereinstimmen müssen und so auf die Mundbewegungen der Figuren geachtet werden kann. TIPP: Bei deiner ersten Animation solltest du dich eher auf die visuellen Elemente konzentrieren und mit Dialogen sparsam umgehen. Etwaige Dialoge kannst du auch noch später aufnehmen und über das Bild legen (s. Seite 40).

Kamera und Action

Viele professionelle Trickfilme entstehen heute direkt am Computer. Für einen Trickfilm, der nicht komplett am Computer erstellt wird, benötigst du immer eine Kamera, um die einzelnen Bilder aufzunehmen.

Die Kamera

Ganz egal für welche Animationstechnik du dich entscheidest, bei jeder Technik musst du die einzelnen Bilder fotografieren. Deshalb benötigst du eine Kamera. Du kannst eine Digitalkamera oder die Kamera deines Smartphones verwenden. Am besten probierst du die Funktionen deiner Kamera vorab aus, damit du beim Fotografieren schnell zurechtkommst.

Das Stativ

Das wichtigste Hilfsmittel beim Fotografieren ist ein Stativ. Auf dem Stativ fixierst du die Kamera, sodass sie still steht. Auf diese Weise stellst du sicher, dass die Kamera immer denselben Bildausschnitt zeigt und die Bilder nicht verwackeln. Auch für dein Smartphone gibt es ein Stativ oder du bastelst dir einfach selbst eines (s. TIPP).

TIPP: Für die traditionelle Animation und den Legetrick kannst du dir auch eine eigene Vorrichtung bauen, wenn du kein Stativ hast. Bohre ein Loch in ein Brett oder eine sehr dicke Pappe und lege das Brett oder die Pappe über die Sitzflächen von zwei gleich hohen Stühlen. Lege die Kamera mit der Linse über das Loch, sodass du dadurch fotografieren kannst.

SUPER HELDEN Wissen

Bewegtbilder

Schon im 17. Jahrhundert versuchten Menschen, bewegte Bilder entstehen zu lassen. Die Illusion einer Bewegung wurde etwa von der mit Kerzenlicht betriebenen „Laterna Magica“ erzeugt. Dieses Gerät konnte eine Reihe auf Glasplatten gemalter Bilder ähnlich einem Diaprojektor an die Wand werfen. Die Fotografie wurde zu Beginn des 19. Jahrhunderts entwickelt, als es aufgrund verbesserter, technischer Verfahren gelang, Lichtbilder auf lichtempfindlichen Medien zu speichern.

Vom Einzelbild zum Film

Für eine flüssig erscheinende Bildqualität benötigt ein professioneller Trickfilmer 24 Bilder pro Sekunde. Um den groben Ablauf deiner Animation festzulegen, reichen aber erst einmal 12 Bilder pro Sekunde. Das sind für eine Minute Film immerhin schon 720 Bilder!!

Wer sieht was?

Die Kameraeinstellung ist ein wichtiges Mittel beim Erzählen deiner Geschichte. Je nachdem, wie nah du eine Szene zeigst, löst du beim Zuschauer bestimmte Gefühle aus.

Die richtige Einstellung
Es gibt drei verschiedene Kameraeinstellungen: Totale, Halbnahe und Detaileinstellung. Wenn du die Kameraeinstellung richtig einsetzt, lenkst du nicht nur den Blick des Betrachters auf die wichtigsten Elemente deiner Geschichte, sondern schaffst auch Orientierung. Je nach Einstellungsgröße weckst du Gefühle und erzielst die größtmögliche Wirkung beim Zuschauer.

Totale
Die Totale verschafft dem Zuschauer einen Überblick, wo die Szene spielt. Für die Anfangsszene eignet sich z. B. die Totale hervorragend. Sie zeigt, in welcher Umgebung sich die Hauptfigur bewegt, und gibt dem Zuschauer Orientierung.

In der Totalen fängt die Kamera beispielsweise die Skyline einer großen Stadt ein, in der sich der Superheld auf einem der hohen Gebäude befindet. Er wirkt winzig im Vergleich zu den hohen Wolkenkratzern um ihn herum. Trotzdem sieht der Held mächtig und kontrolliert aus.

Halbnahe

In der Halbnahen kann man Einzelheiten der Figuren näher erkennen. Es werden die Figur und ihre Dialoge in den Mittelpunkt der Geschichte gerückt. Hier siehst du unseren Superhelden in seinem Superheldenkostüm von der Hüfte bis zum Kopf. Dies entspricht der normalen Sehsituation, als stünde er dir gegenüber. Je näher die Kamera an die Figur heranrückt, umso emotionaler werden die Zuschauer angesprochen.

Detaileinstellung

In der Detaileinstellung werden Einzelheiten aufgegriffen. Hier wird beispielsweise so nah an das Gesicht des Superhelden gezoomt, dass nur noch sein Mund groß zu erkennen ist. Die Umgebung ist nicht mehr zu sehen. Der Zuschauer erkennt nur noch das grimmig-entschlossene Lächeln und wird so emotional angesprochen.

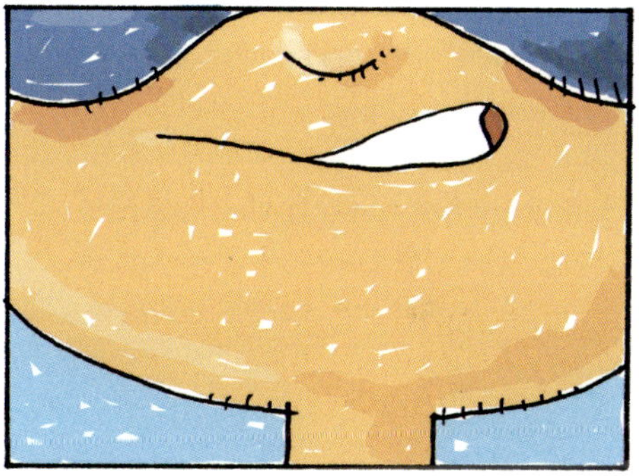

Spiele mit den verschiedenen Kameraeinstellungen. Was eignet sich bei welcher Figur? Welche Kameraeinstellungen sind bei deiner Geschichte wichtig? Vielleicht der flatternde Umhang des Superhelden in der Halbnahen oder das fiese Grinsen des Gegenspielers in der Detaileinstellung?

Wenn die Bilder laufen lernen

Nachdem du alle Vorarbeiten geleistet hast, kann's mit der Produktion deines ersten Trickfilms losgehen.

Die Animationstechniken
Es gibt verschiedene Möglichkeiten, einen Trickfilm zu erstellen: der **Zeichentrickfilm** (traditionelle Animation), der **Legetrick** (cut out animation) oder **Knetfiguren** (Claymation) bzw. Spielfiguren. Entscheide dich für die Animationstechnik, die dir am meisten Spaß macht.
Der Zeichentrick ist von den drei Techniken die aufwendigste, da du für eine flüssige Animation viele hundert einzelne Bilder zeichnen musst. Auch die Knetfiguren-Technik kostet etwas mehr Zeit als der Legetrick. Hier musst du die Figuren erst modellieren. Der Legetrick ist recht unkompliziert, weil du fertige Vorlagen benutzen kannst, die du beispielsweise aus Zeitschriften ausschneidest.

TIPP:
Wenn du gerne zeichnest, dann bist du bei der traditionellen Animation goldrichtig, wenn du gerne bastelst, dann kommen Legetrick und Knetfiguren für dich infrage.

Frame by Frame

Auf den folgenden Seiten lernst du die verschiedenen Animationstechniken kennen. Egal für welche du dich entscheidest, am Ende fotografierst du viele einzelne Bilder. Diese überträgst du dann auf den Computer und musst sie animieren, also so aneinanderreihen, dass sich fließende Bewegungen ergeben. Alle Trickfilme animiert man mit der sogenannten „Frame by frame"-Methode. Ein Frame ist ein einzelnes digitales Bild in einer Animation, das zuvor mit der Kamera aufgenommen wurde. „Frame by Frame" bedeutet, dass es eine Vielzahl von Einzelbilder gibt, die dann Bild für Bild (oder eben Frame by Frame) mithilfe eines Schnittprogramms am Computer aneinandergefügt werden, sodass ein Film entsteht (s. Seite 38).

Stift und Papier

Jede Menge Papier, Stifte und viel Geduld sind Voraussetzung für den Zeichentrickfilm. Die Art, wie du zeichnest, kann ganz unterschiedlich sein. Schau dir am besten ein paar deiner Lieblingsfilme an. Vielleicht kannst du dabei einige Ideen für deinen Stil abschauen.

Der Zeichentrickfilm
Der 2-D-Zeichentrickfilm ist der Klassiker unter den Animationsfilmen. Wie der Name schon sagt, wird der Zeichentrickfilm mit der Hand gezeichnet. Durch minimale Änderungen von Bild zu Bild entsteht der Eindruck von Bewegungen – wie auch bei den anderen Animationsarten oder auch dem klassischen Daumenkino. Um einen Langfilm (wie du ihn aus dem Kino kennst) zu produzieren, braucht es sehr viel Zeit, da jede kleinste Bewegung in einem separaten Bild gezeichnet werden muss. Deshalb wirken an so einem Filmprojekt auch

SUPER HELDEN WISSEN

Den Zeichentrickfilm erschuf der Franzose Charles-Émile Reynaud, der gezeichnete Bilder zum Laufen bringen wollte. Er stellte dafür um 1877 einen Apparat her, die sogenannte Zaubertrommel, das Praxinoskop. Mittels einer Spiegelanordnung kann man in der Trommel bewegte Bilder betrachten. Der erste Zeichentrickfilm der Welt entstand 1908. Er hieß „Fantasmagorie“, war ungefähr zwei Minuten lang und bestand aus etwa 700 Zeichnungen.

ganz viele Zeichner mit, die sich die Arbeit teilen. So gibt es Zeichner für die Figuren, die Schatten, die Hintergründe. Wenn du allein arbeitest, wird dein erster Film wahrscheinlich nur sehr kurz werden, aber das macht nichts. Denn zu sehen, wie sich deine Bilder plötzlich bewegen, ist eine tolle Erfahrung. Du wirst begeistert sein!

Der Leuchttisch

Der klassische Arbeitsplatz des **2-D-Animators** ist der Leuchttisch. Der Leuchttisch sieht ein bisschen aus wie dein Schreibtisch, nur dass die Arbeitsplatte kippbar ist. Man kann die Tischplatte also in einem schrägen Winkel verankern – das erleichtert oft das Zeichnen. In der Mitte der Platte ist eine runde Scheibe aus Plexiglas eingesetzt, an der auch die Trickschiene (s. Seite 31) befestigt ist. Hier werden später die einzelnen Papierbögen eingespannt. Auch diese Scheibe ist

drehbar, sodass der Zeichner auch kleine Details bequem aus jeder Position heraus skizzieren kann. Diese Scheibe wird von einer Lampe, die auf der Unterseite des Tisches angebracht ist, beleuchtet. So kann der Zeichner seine Zeichnungen auch durch mehrere Bögen Papier hindurch sehen. Sobald eine Zeichnung fertig ist, legt der Zeichner einen neuen Bogen Papier darüber und verankert es in der Trickschiene. Die Umrisse der vorigen Figur scheinen dank der Lampe gut sichtbar durch und können einfach durchgepaust werden. Das ist wichtig, da jede Zeichnung von Blatt zu Blatt ja nur minimal verändert und die restliche Pose beibehalten wird. So bleiben beispielsweise die Füße unseres Superhelden genau in derselben Position stehen, wenn er nur seine Hand ausstreckt.

TIPP: Du kannst einen solchen Leuchttisch auch selbst bauen, indem du einfach eine Glasplatte auf vier Holzklötze legst und darunter eine Lampe stellst. Pass aber auf, dass das Glas nicht zu wackelig auf den Klötzen liegt, damit es nicht zu Bruch geht. Wenn ihr in der Familie einen Glastisch habt, kannst du auch diesen nutzen. Stell einfach eine helle Lampe darunter.

SUPER HELDEN Wissen

Moderne 3-D-Trickfilme entstehen komplett am Computer mit speziellen Computerprogrammen. Toy Story aus dem Jahr 1995 war der erste vollständig am Computer animierte Kino-Trickfilm und kostete 30 Millionen US$. Über 100 Menschen arbeiteten vier Jahre lang mit 300 Computern an dem Film. Mit dem Triumphzug der 3-D-Animation und der digitalen Bildbearbeitung sind sogenannte Grafiktabletts in Gebrauch gekommen, mit denen man auf das Display des Tablets zeichnen kann. Die Zeichnungen werden dann direkt in den Computer übertragen. Da Tablets recht teuer sind, empfiehlt es sich, deinen ersten Trickfilm auf die klassische Art und Weise, mithilfe eines Leuchttischs und Transparentpapier, herzustellen.

Trickschiene, Transparentpapier und Stifte

Die Zeichenblätter müssen am Leuchttisch immer in der gleichen Position liegen, damit die Zeichnungen zueinander passen und bei der Aufnahme mit der Kamera nicht verrutschen. Dafür eignet sich eine sogenannte Trickschiene. Sie sieht aus wie ein langes Lineal mit zwei kleinen Befestigungsstiften aus Plastik, in die du deine Zeichnungen hineinlegst. Statt einer Trickschiene kannst du aber auch die Ringmechanik eines Aktenordners benutzen und die einzelnen Zeichnungen einfach übereinanderheften. Die Trickschiene wird mit Klebeband auf den Leuchttisch geklebt und ein Bogen Transparentpapier in die Befestigungsstifte gelegt. Dann beginnt der Zeichner mit dem ersten Bild. Sobald dieses fertig ist, legt er einen zweiten Bogen Transparentpapier darüber und fertigt die zweite Zeichnung an. Durch das Licht von unten ist die erste Zeichnung gut zu sehen. Es werden nur die Teile geändert, die sich bewegen sollen. Der Rest der Zeichnung wird einfach abgepaust. So entsteht Bild für Bild eine ganze Serie, bis die Bewegung der Figur beendet ist. Springt der Superheld etwa von der Kuppel des Fernsehturms in die Tiefe, bleibt der Turm unverändert und nur die Position des Helden wird angepasst.

TIPP: Die Bewegung einer Figur hat immer einen Anfangs- und einen Endpunkt. Stell dich vor einen Spiegel und mach die Bewegung nach, dann siehst du es am besten. Je mehr Zeichnungen der Bewegung du machst, umso flüssiger wirkt später die Animation.

Das Fotografieren

Sobald du eine Szene fertig gezeichnet hast, beginnst du damit, die Frames abzufotografieren. Stelle die Kamera stabil auf dem Stativ auf und richte sie nach unten auf eine glatte Fläche am Boden oder auf einen Tisch. Hier befestigst du die Trickschiene mit Klebeband. Lege die erste Zeichnung in

die Stifte. Mach ein Foto davon. Achte darauf, dass sowohl die Ränder des Papiers als auch die Trickschiene im Display nicht zu sehen sind. Lege dann die zweite Zeichnung ein und fotografiere auch sie. Wiederhole das so oft, bis du alle Zeichnungen einzeln abfotografiert hast. Das Gleiche machst du mit deinem Hintergrund. Übertrage dann die Bilder auf deinen Computer. Die Bilder wirst du später mit einer entsprechenden Software weiterverarbeiten (s. Seite 38).

TIPP: Damit später alles gut zu sehen ist, musst du dein Set immer richtig ausleuchten. Tageslicht ist dafür leider nicht ausreichend. Positioniere am besten eine oder mehrere helle Schreibtischlampen direkt auf dem Tisch und richte sie auf das Papier.

SUPER HELDEN Wissen

Warum hat Mickey Mouse eigentlich nur vier Finger? Die Zeichner dachten, dass fünf Finger an einer Maus seltsam aussähen. Außerdem wären mehr Einzelbilder nötig gewesen, sodass es sich lohnte bei jeder Hand einen Finger wegzulassen. Diese Entscheidung sparte den Zeichnern nicht nur einiges an Zeit, sondern Disney auch Millionen Dollar an Produktionskosten.

Konzentriere dich zuerst auf die Erstellung deiner Zeichnungen. Das wird eine ganze Weile in Anspruch nehmen. Danach baust du das Set auf, bevor du mit dem Fotografieren beginnst: Tisch, Kamera, Lampen. Um die richtige Beleuchtung zu garantieren, musst du sicher zunächst ein paar Probeaufnahmen machen.

Schere und Pappe

Der Legetrick eignet sich für begeisterte Bastler. Denn bei dieser Animationstechnik wird fleißig ausgeschnitten. Diese Tricktechnik ist schnell und unkompliziert.

Die Materialien

Du hast verschiedene Möglichkeiten, aus welchen Materialien du deine Figuren für den Legetrick herstellen willst. Die einfachste wäre, aus Zeitschriften etwas auszuschneiden oder etwas auf dem Computer auszudrucken: Figuren, ein Auto, ein Raumschiff, ein Flugzeug etc. Am besten du verstärkst die Figuren, indem du sie auf Pappe klebst. Natürlich kannst du auch total verrückte Fantasiewesen erschaffen, indem du z. B. auf den Kopf eines ausgeschnittenen Elefanten den Körper eines Menschen setzt. Oder du nimmst Fotos von dir, deinen Freunden, deinem Hund, Kanarienvogel oder deiner Katze, schneidest sie aus und stellst wilde Kombinationen her.

Bei der Auswahl der Materialien sind deiner Fantasie keine Grenzen gesetzt: Da können (getrocknete) Blumen,

Fertige deine Figuren, deine Requisiten und die Hintergründe an. Befestige den Hintergrund mit Klebeband auf einem ebenen Untergrund. Ordne darauf deine Figuren und Requisiten an. Dann beginne wie auf Seite 32 beschrieben mit der Aufnahme deiner Bilder, indem du in jedem Frame die Figuren und die Requisiten ein wenig weiterbewegst. Am Schluss werden die Bilder in den Computer übertragen und weiter verarbeitet (s. Seite 38).

Lebensmittel wie Nudeln oder Reis, Federn, Glitzer oder Stoffe zum Einsatz kommen.

Bewegungen

Damit deine Figuren sich bewegen können und weniger starr wirken, musst du Eigenschöpfungen mit einzelnen Gliedmaßen malen und diese ausschneiden. Die Körperteile können dann individuell bewegt oder ausgetauscht werden oder du fügst gemalte und ausgeschnittene Requisiten dazu.

Sprechblasen

Du kannst statt aufgenommenem Dialog auch ausgeschnittene Sprechblasen wie bei einem Comic einbauen und einfach beim Fotografieren neben die Figur legen.

Die Hintergründe

Auch bei den Hintergründen ist alles möglich: einfarbig, aus Stoff oder eine selbst gemalte Landschaft. Der Hintergrund muss flach sein, damit du die ausgeschnittenen, flachen Figuren optisch gut darauf platzieren kannst.

Filme mit Knete und Spielfiguren

Claymation nennt man eine Animationstechnik, bei der Figuren aus Knetgummi (Plastilin) geformt werden. Mit diesen Figuren oder auch mit Lego- oder Playmobilfiguren kannst du Szenen bilden, die abfotografiert werden. Wenn du die Bewegungen jedes Mal leicht veränderst, entsteht am Ende eine kurze Filmszene.

Spielfiguren

Wenn du Spielfiguren aus deinem Zimmer verwendest, kannst du sofort loslegen – ohne erst aufwendig Figuren zu basteln. Du setzt die Spielfiguren einfach entsprechend dem Drehbuch in deiner Geschichte ein.

Platziere Figuren und Requisiten in der Kulisse. Denk an die richtige Beleuchtung. Im Gegensatz zu den beiden anderen Animationstechniken muss deine Kamera dieses Mal auf dem Stativ nach vorne auf die stehende Kulisse ausgerichtet sein. Denk daran: Die Kamera muss fest auf dem Stativ stehen und darf nicht wackeln. Überprüfe deine Einstellung im Display. Dann fotografierst du dein erstes Bild. Danach veränderst du wie bei den anderen Animationstechniken die Bewegung der Figur dem Storyboard entsprechend ein wenig weiter. Schieß ein Foto nach dem anderen und übertrage die Bilder in deinen Computer (s. Seite 38).

Knetfiguren

Wenn du deine Figuren lieber selbst gestalten willst, kannst du dies aus Knete tun. Hier eignet sich Industrieplastilin hervorragend. Es trocknet nicht aus, lässt sich leicht formen und ist sehr stabil. Mit Knet kannst du die unterschiedlichsten Formen herstellen. Für Gesichtsausdrücke kannst du Knöpfe, Münzen und andere Kleingegenstände verwenden. Mit Lippen und Mündern aus Knet kannst du unterschiedliche Gefühlszustände darstellen. Deine Figuren können damit traurig gucken, lachen oder gähnen. Du kannst Augenbrauen, Schnurrbärte, Lippen, Hüte oder Brillen aus Pappe basteln, die du je nach Bedarf auf die Gesichter der Knetfiguren klebst.

Kulissen

Im Gegensatz zu Legetrick und klassischer Animation musst du für diese Animationstechnik ein stehendes Set bauen, ähnlich wie die Bühne bei einem Theater. Hier stellst du deine Figuren hinein. Bastle deine Kulisse aus fester Pappe und bemale sie. Du kannst mehrere Kulissen bauen, wenn deine Geschichte verschiedene Schauplätze hat.

Spezialeffekte

Soll dein Superheld ein Kind aus einem brennenden Haus retten? Dann sei erfinderisch. Mit Watte oder zerknülltem, weißem Papier kannst du „Spezialeffekte“ wie Rauch nachahmen, mit blau glänzendem Papier eine Lache Wasser. Du legst die Materialien einfach beim Fotografieren mit auf das jeweilige Bild.

Der fertige Film

Egal welche Animationstechnik du anwendest – am Ende erhältst du eine Menge einzelner Fotos, die du in der Nachbearbeitung am Computer zu einem Film zusammenfügst. Dazu kommen Dialoge, Musik und Soundeffekte und der Abspann.

Die Software
Wenn du alle Bilder zusammenhast, musst du sie mithilfe einer Software am Computer weiterverarbeiten. Diesen Schritt nennt man Nachbearbeitung oder Postproduktion. Animationssoftware gibt es im Internet. Es gibt dabei welche, die käuflich zu erwerben sind, andere sind kostenlos. Für Windows gibt es beispielsweise den „Movie Maker" und „bmp2avi" kostenlos, für Macintosh „Framed 1,3". Bevor du ein Programm downloadest, solltest du mit deinen Eltern darüber sprechen. Sie helfen dir bestimmt gern beim Herunterladen.

TIPP: Eine tolle Seite mit vielen interessanten Informationen zum Thema „Trickfilm" und einer kostenlosen Software findest du auch auf **www.trickino.de**.

Der Schnitt

Der **Schnitt** ist die Bearbeitung und Strukturierung des aufgenommenen Bildmaterials. Die gemachten Bilder müssen nun in der richtigen Reihenfolge zusammengesetzt werden. In der Filmsprache sagt man „schneiden" dazu, weil man früher wirklich Filmstreifen auseinandergeschnitten und neu zusammengeklebt hat. Du schneidest deinen Film mithilfe der Software und setzt die Szenen zusammen.

Nachdem du die Fotos auf den Computer geladen und die entsprechende Software installiert und gestartet hast, führt dieses Programm dich Schritt für Schritt durch den Prozess. Das Programm erklärt dir, wie du die Fotos hochlädst, wie du die Einzelbilder hintereinandersetzt und diese – wenn du möchtest – überblendest. Du wirst sehen, dass unter deinen Bildern auch schlechte sind, die du herausnehmen musst.

Schneiden ist ein sehr kreativer Prozess, denn hier kannst du bestimmen, ob eine Szene schnell erzählt werden soll, indem sehr viele einzelne Bilder aufeinander folgen, oder langsamer und jedes Bild etwas länger eingeblendet wird. Jetzt musst du auch entscheiden, wo du welche deiner Aufnahmen einsetzt, um den größtmöglichen Effekt beim Zuschauer zu erzielen. Ein fotografiertes Detail (beispielsweise das fiese Grinsen des Bösewichts) kann jetzt wirkungsvoll an einer ganz bestimmten Stelle eingesetzt werden.

Die Dialoge

Gute Dialoge zu schreiben, ist gar nicht so einfach. Wenn sich zwei Figuren unterhalten, sollen nicht nur reine Informationen vermittelt werden. Die Dialoge geben den Figuren eine individuelle Stimme und Klangfarbe und erzählen etwas über ihren Charakter. Bei einem guten Film wird hauptsächlich durch Handlung und Bilder erzählt. Mancher Trickfilm kommt auch mit sehr wenig Dialog oder ohne Gespräche aus, z. B. ein klassischer Cartoon wie „Tom und Jerry".

Wenn du im Drehbuch Dialoge verwendet hast, musst du diese jetzt einsprechen. Dazu kannst du dein Smartphone oder deinen Computer benutzen.

Lade deine Freunde ein und verteile die Rollen. Ihr werdet merken, dass es anfangs gar nicht so leicht ist, Dialoge einzusprechen. Damit sich die Sprache

SUPER HELDEN Wissen

Professionelle Bildbearbeitung

Wie bei der Animation selbst arbeiten auch an der Nachbearbeitung des Films ganze Teams in großen Zeichentrickstudios zusammen. Auch hier gibt es unterschiedliche Schritte.

Das Material wird zunächst zusammen mit den aufgenommenen Dialogen geschnitten. Vor- und Abspann, Musik und Soundeffekte werden hinzugefügt. Dann geht es in die Mischung, um die richtige Balance zwischen Dialog, Musik und Soundeffekten herzustellen.

natürlich anhört, gehört – wie bei jedem Schauspieler – ein wenig Übung dazu. Spreche die Dialoge so lange laut vor, bis sie gut klingen. Du kannst natürlich auch selbst mehrere Rollen mit verstellter Stimme sprechen.

Die Dialogspur wird dann mithilfe der Trickfilm-Software auf die dazu passenden Szenen gelegt (auch dazu findest du die Anleitung direkt in deinem Programm).

Mit allen Sinnen

„Ton ist der halbe Film", sagt Georg Lucas, der Erfinder von „Star Wars". Geigen, Trommeln, Regen, Wind und Wetter, Reifenquietschen und BANG-BUMMBANG untermalen die Bilder eindrucksvoll. Musik schafft Atmosphäre und löst Emotionen aus.

Die Musik

Bei der Recherche nach Musik musst du vorsichtig sein, denn viele Lieder sind urheberrechtlich geschützt und dürfen nicht unentgeltlich verwendet werden. Es gibt einige Seiten im Internet, auf denen Künstler frei, legal und kostenlos ihre Musik zur Verfügung stellen. Natürlich kannst du auch selbst Musik aufnehmen, wenn du ein Instrument spielst, oder eigene Sounds am Computer komponieren. Überlege gut, wie du Musik einsetzt. Ein reiner Klangteppich fördert deine Geschichte nicht immer. Die Musik sollte auf die Szenen abgestimmt sein und es bedarf oft nur weniger Geräusche oder manchmal einfach nur Stille. Am besten du experimentierst ein wenig damit, was zu der Stimmung deines Films und den Szenen passt.

TIPP: Hier findest du verschiedene Sounds im Internet:
www.geraeuschesammler.de
www.soundgator.com
Achtung: Nicht alle Geräusche oder Sounds aus dem Internet darfst du kostenlos verwenden. Am besten bittest du deine Eltern um Hilfe.

Soundeffekte
Mit den Softwareprogrammen lassen sich idealerweise nicht nur die Bilder zusammenschneiden, sondern auch Soundeffekte einfügen. Wähle die Geräusche aus, die du für deine Geschichte brauchst. Im Internet findest du alle möglichen Soundeffekte. Natürlich kannst du mit deinem Handy oder einem Tonbandgerät auch selbst Geräusche aufnehmen, die du dann auf den Computer überträgst.

Der Abspann
Am Ende eines jeden Films kommt der **Abspann** – eine Liste mit den Namen aller Beteiligten, die bei der Herstellung des Films mitgewirkt haben. Das kennst du aus dem Kino. Auch für deinen Film kannst du einen Abspann machen. Entweder erstellst du die benötigte Namensliste am Computer und druckst sie aus oder du schreibst die Namen mit Kreide auf eine Tafel oder auf Papier, fotografierst dann alles und überträgst es als letztes Bild in den Computer.

Ende gut, alles gut!

Jetzt wird's noch einmal richtig aufregend, denn in der Filmpremiere stellst du deinen fertigen Film deinem Publikum vor.

Die Filmpremiere
Der große Tag ist da! Der Film ist vollendet und die Zuschauer sind gespannt. Bei einem großen, teuren Film gibt es nun eine Premiere in einem Kino. Die Sprecher des Films oder die Synchronsprecher der deutschen Fassung (bei einem Hollywood-Animationsfilm) werden dafür extra eingeflogen. Manchmal warten sogar aufgeregte Fans am roten Teppich auf die Stars.
Aber alle fangen einmal klein an. Bei deinem ersten Film wirst du deine Premiere eher in deinem Freundeskreis oder mit deiner Familie feiern.

Du möchtest noch mehr über die faszinierende Filmwelt erfahren? Auf folgenden Internetseiten erhältst du interessante Infos:
www.kinderfilmwelt.de
www.kindernetz.de/infonetz/

Lade deine Gäste ein und zeige ihnen deinen ersten eigenen Trickfilm. Egal wie groß dein Publikum ist, es ist immer ein spannender Moment, denn man weiß nie, ob der Film auch die Reaktionen beim Publikum auslöst, die man beabsichtigt hat.

Und wie geht's weiter?

Wenn du Lust hast, machst du danach einfach eine Fortsetzung deiner Geschichte oder du denkst dir eine neue Handlung aus. Probiere doch auch mal die anderen Animationstechniken. Und vielleicht erfindest auch du einmal eine Maus oder eine andere Figur, die weltberühmt wird.

Wichtige Begriffe

2-D-Animator
ist eine Berufsbezeichnung aus der Trickfilmbranche. Der 2-D-Animator erstellt Filme aus Einzelbildern, von Hand gezeichnet in Abgrenzung zum 3-D-Animator.

3-D-Trickfilm
ist ein mittels 3-D-Computergrafik komplett im Rechner erzeugter Film. Die Computeranimation ist ein Nachfolger der Zeichenanimation.

Abspann
Der Abspann am Ende eines Films nennt die Namen aller Personen, die an der Erstellung des Films beteiligt waren.

Antagonist
ist der Gegenspieler zur Hauptperson, dem Protagonisten. Er ist oft böse oder verursacht größte Schwierigkeiten und Konflikte.

Artwork
bezeichnet Zeichnungen, die für die Entwicklung der Bilder eines Trickfilms hergestellt werden.

Drehbuchautor
Der Drehbuchautor steht ganz am Anfang des Produktionsprozesses eines Films. Er schafft die Grundlage für die Herstellung eines Films, indem er die Handlung eines Films als Drehbuch entwickelt.

Cartoons
sind Filme fürs Kino oder fürs Fernsehen, in der Regel von Hand gezeichnet, in Abgrenzung zu anderen Animationen wie Knet- oder Puppentrick.

Casten
ist beim Trickfilm der Prozess der Auswahl der Sprecher für die einzelnen Rollen im Film durch das Trickstudio.

Claymation (sprich: kläimäischen, deutsch: Knetanimation)
bezeichnet die Animationstechnik, bei der Figuren aus Knetgummi geformt und dann Bild für Bild fotografiert werden.

Frame
bezeichnet das Einzelbild aus einer Filmsequenz in Animationen.

Genre
ist eine Gruppe von Filmen, die Gemeinsamkeiten in Stil, Figuren und Welten aufweisen, z. B. Komödie. Die Einteilung von Filmen in Genres erleichtert dem Zuschauer die Orientierung beim Kinobesuch.

Happy End (sprich: häppi änd, deutsch: Glückliches Ende)
Wie geht ein Film aus? Am besten mit einem

glücklichen Ende – einem Happy End. Ein glückliches Ende ist für den Zuschauer am befriedigsten. Denn wer will schon mit einem unguten Gefühl nach Hause gehen?

Interframes (sprich: interfräims, deutsch: Zwischenbilder)
bezeichnen neben den Keyframes alle Bilder, die nötig sind, um den Bewegungsablauf der Animationen zu verfeinern und sie flüssig aussehen zu lassen.

Keyframes (sprich: kiefräims, deutsch: Schlüsselbilder)
bezeichnen in der Animation einzelne wichtige Bilder, die grobe Bewegungssequenzen in der Handlung vorgeben.

Legetrick
auch Flachfigurenfilm genannt. Ausgeschnittene, flache Figuren werden vor einem flächigen, gezeichneten Hintergrund Bild für Bild animiert.

Off
Aus dem „Off" bezeichnet die Stimme eines Schauspielers außerhalb des für die Zuschauer sichtbaren Bereichs.

Props
nennt man in der Animation die benötigten Requisiten. Das sind bewegliche Gegenstände, die zur Ausstattung eines Films gehören.

Protagonist
ist der Hauptdarsteller in einem Film. Er treibt die Handlung maßgeblich voran. Seinen Gegenspieler nennt man Antagonisten.

Regisseur
ist im Film diejenige Person, die die komplette Filmproduktion leitet. Seine Kernaufgabe besteht darin zu inszenieren, d. h. die Szenen eines Drehbuchs in einzelne Kameraeinstellungen aufzuteilen und im Falle der Animation die Schauspieler beim Sprechen der Rollen anzuleiten.

Schnitt
ist bei einem Film die Bearbeitung und Strukturierung des aufgenommenen Bild- und Tonmaterials. Der Schnitt ist ein sehr kreativer Prozess, da er großen Einfluss auf Wirkung der Bilder und Töne hat.

Showdown (sprich: schoodaun, deutsch etwa: Entscheidungskampf)
ist der alles entscheidende Moment und gleichzeitig Höhepunkt im dritten Akt des Films, bei dem ein Machtkampf zwischen Protagonist und Antagonist den spannungsgeladenen Ausgang der Geschichte herbeiführt.

Hinweis:
Soweit in diesem Buch auf Internetseiten Dritter verwiesen wird, erfolgt dies ausschließlich als zusätzlicher Service. Für dort enthaltene Inhalte ist die Ravensburger Buchverlag GmbH nicht verantwortlich und macht sich diese Inhalte nicht zu eigen. Für Schäden, die im Zusammenhang mit dem Abruf von Internetseiten Dritter oder aus der Nutzung der Inhalte dieser Seiten entstehen, übernimmt die Ravensburger Buchverlag Otto Maier GmbH keine Haftung.

FSC www.fsc.org MIX Aus verantwortungsvollen Quellen FSC® C114500

Bibliografische Information der Deutschen Nationalbibliothek:
Die Deutsche Nationalbibliothek verzeichnet diese Publikation in der Deutschen Nationalbibliografie.
Detaillierte bibliografische Daten sind im Internet über http://dnb.d-nb.de abrufbar.

3 2 1 C B A

Text: André Kussmaul
Illustrationen: Claas Janssen
Coverdesign: dieBeamten.de / Anja Langerbacher und Reinhard Reich unter Verwendung von Fotos von istockphoto.com / CactuSoup (Knetfiguren) und istockphoto.com / Rakdee (Icons Cover und Innenteil)
Satz: Weiß-Freiburg GmbH – Graphik Buchgestaltung

ISBN 978-3-473-55422-5

www.ravensburger.de

Ebenfalls erhältlich:
Barbara Iland-Olschewski: Dreh deinen Film. Spielfilm
ISBN: 978-3-473-55421-8